台灣花布藝術縫紉創作
布片和布片之間的創新連結，
彷彿人生的無限可能。

作者　竹野承玉

客家
新印象

Contents

序 桃園縣長 002

萬能科技大學校長 003

國立台灣師範大學文化創意產業學程副教授 004~005

教育部U-START計畫辦公室執行長 006~007

作者　竹野承玉 008~010

● **花布原本的模樣** 011

豐收的葡萄園 012~015

花園桌巾 016~017

立體坐墊 018~019

浪漫檯燈 020~021

印象日出提袋 022~023

花洋裝 024~025

● **花布原本的模樣** 026~027

歡喜慶豐年 028~033

背心上衣 034~035

折射 036~039

花花布小包 040~041

Contents

● **花布原本的模樣**   **042~043**

甜蜜抱枕   **044~045**
愛心花布小包   **046~047**
桐花季節   **048~049**

● **花布原本的模樣**   **050~051**

封面作品   **052~055**
中華民國100歲生日快樂   **056~059**

● **竹野承玉製作方式大公開**   **060~076**

● **特別範例**   **077~078**

縣長序

　　桃園是個多元族群的社會，先民創建不同的文化、特色都需要我們共同努力延續與發展。承玉小姐是一位非常優秀的文創工作者，於98年度教育部U-START創業計畫的「大專畢業生創業服務方案」中脫穎而出，在315個團隊的競爭角逐下獲得創業基金，並入圍「教育部明日之星百萬大獎競賽」，喜獲文化創意產業類入選獎，可喜可賀，堪稱桃園之光。

　　透過承玉小姐的專業與努力，以及她對客家文化元素的運用與想像，讓客家傳統文化的發展，有了新的契機與更多的可能性。傳統的客家花布透過她的慧心巧手，而有了全新的樣貌。在她的作品中可以窺見濃濃的客家風華，卻又呈現令人驚訝的創新美感，顛覆了客家花布給人的傳統印象，讓傳統的元素又鮮活了起來。

　　在現今社會工商發展、精緻分工的趨勢下，我們可以很快速的獲得許多所需商品，卻也漸漸和親手製作物品的情感失去了聯結，深盼透過本書的介紹，能讓更多對手製物品有興趣的民眾，重拾對物品製作的情感與興趣。物品真正的價值不在於它是否為國際超級名牌或其售價，而是在於我們對手上這件物品的情感。惜物、愛物、不浪費，才是真正愛地球的表現。讓我們一同打造惜物、愛物、充滿愛的祥和社會。

桃園縣長　吳志揚

序

　　畢業於97級高分子材料系的手創達人承玉同學，發明了悠悠輪專利記號布讓拼布創意無限，更以「竹野承玉」個人品牌在教育部98年度U-START第一屆大專畢業生創業競賽獲得創業基金，讓自己的熱情與專業在文化創意產業領域得以夢成真。

　　她的作品將傳統再創新，深入瞭解則讓人驚艷。如果說生活是她的創意來源，那麼一個一個的小布塊是她揮舞熱情的顏料，透過她的巧手，以發散－重組如同馬塞克的技法，將無數的布塊拼組成無限制的可能性，也拼組出七彩繽紛的夢想。

　　本校立校以「就業導向」作為教育目標，將教育的內容建立在實際的生活領域內，承玉同學能學以致用，將台灣客家文化特色融合於作品中，是創業的最佳典範，也展現本校人才培育的優良成果，學校會持續進行相關人才的培育和支持。祝福承玉同學的書作暢銷，未來將台灣文化推廣到世界舞台。

萬能科技大學校長　　莊暢

序

～布片之間的創新連結，
　　　映畫人生的無限可能！～

夏學理

國立台灣師範大學文化創意產業學程副教授
國立台灣大學創意創業學程兼任副教授

　　伴隨著「全球化」所引發的全球高度競爭，以及以豐足感官為訴求的體驗經濟時代的到來，人們選擇透過對於自我文化進行積極地追尋與認同，從而產生對抗「全球化」的存在能量。因為在進行「在地化」的行動時，從文化內涵著手，乃為一種最合宜的區隔素材。而此時若再搭配觸、聽、視、味、嗅等五感體驗，則可使文化不但成為至為關鍵的競爭利器，更可因之帶動可觀的文化消費成長。而此對客家文化而言，當然也可併顯文化存續與市場發展的生機。

　　近些年來，花布密集地現身於客屬的官方活動上與客家庄內的特色產業中，眼前令人驚艷的「花布」，不但與「客家」劃上百分之百的連結，更也因為前述的文化追尋，而使得那一方屬於台灣人集體記憶的花布，重新染上紅采；無論客家人或非客家人，在汲取認同與獨特之中，都得以浸潤在這一波花布風，連帶感受到濃濃的懷鄉情。而這不僅止於開啟眾人記憶的扉頁，還促使花布創作，邁出走向國際的步履。

　　當阿婆的被單，從臥室轉登上藝術的殿堂；當客家婦女於勞動時用作遮陽的花布頭巾，變身為時尚的手提布包，這些創意之作，使得花布不再是退流行的俗物。經過花布創作者承玉的巧思，讓原屬私領域的花布記憶，一躍而成了公共議題。同時，也因為承玉的對客家文化的疼惜，使得花布得以從客家婦女擦汗

水、揹小孩的一塊普通棉布，逆轉成為「女為悅己者容」的時髦創意品。

透過創意與實踐，使得原本用途有限的花布，化身為花布名片夾、花布環保筷套、花布娃娃…等等，以全新的面貌，再一次的進入現代人的生活。承玉結合了懷舊與實用，以創意告訴人們，是該對自己的文化，進行更具深度的凝視與省思，從而領悟如何予以突破。在承玉的手中，花布已經脫去了經緯上的侷限，它像極了布紋上熱烈綻放的花朵，極其炫麗奪目。且當花布可以不同的表現方式進入新一代的生活，新一代們也就能夠以屬於自己的方式，來建立起自己與花布間的關係與記憶，讓花布與客家透過創新綿綿相連。

恭喜承玉樂於大膽的運用自己的專長，透過拼布縫紉，走出一條花布創作者的大道。相信藉由這本採用台灣本土素材、表現完熟縫紉技藝作品集的出版，將可使更多人了解，縫紉已不只是縫補舊衣、打發時間的女紅，而深具文化創意內涵的客家花布創作品，也不再是昔日客家的舊有印象，而是呈現當代客家美學、創造客家新風情與新魅力的「軟實力」。

國立台灣師範大學文化創意產業學程副教授

序

　　2009年初，我正在中國大陸重慶市參加海峽兩岸產業技術標準論壇。在回台旅程中，還不斷回味著現場冠蓋雲集和風起雲湧的情境，深思著未來如何能在兩岸的歷史轉折點中，扮演更重要的角色。

　　不過，一飛抵中正機場，手機就響起了數通未接來電的訊息─就是這幾通來自行政院科技顧問組長官的未接來電，讓我的兩岸夢瞬間煙消雲散，卻也開啟了我與教育部高教司「大專畢業生創業服務方案 U-START 計畫」的不解之緣。

　　我相信，2009 年，對許多人來說，都是難忘的一年，很多人的生涯規劃都在這一年的時空背景下發生了很大的變化。尤其是參加第一屆 U-START 計畫的創業團隊，特別是獲得 U-START優勝獎項的隊伍。就在2009年，U-START這個號稱全台灣最大規模的創業競賽，豐富了很多人的人生經歷，甚至改變了很多人的人生際遇。

　　在第一屆U-START創業競賽過程中，真可說是萬眾矚目，除了總補助款經費高達1.5億元之外，各大學校長等高層長官更是非常在意同學們的表現，甚至連媒體記者也對於整個競賽的過程和花絮都非常關心。在我們戰戰兢兢執行計畫的過程中，有笑有淚，峰迴路轉，如今化做點點滴滴的回憶，還真是難以用筆墨形容。

　　記得在第二階段創業競賽的簡報現場，我在會場內，仔細聆聽所有參賽團隊的簡報和評審們的對答。不過，當時印象特別深刻的是，竹野承玉，這個帶點日本味道的團隊名稱，團隊負責人果然人如隊名，也有著像日本女孩一般的燦爛笑容。對於創業者有著一種敏銳直覺的我，看到那燦爛笑容下，卻掩飾不了她眼中炙熱的創業熱情時，評審還沒打完分數，但我已經知道答案 ---- 她，已經準備好了！

　　承玉小姐的作品，不僅含有豐富的人文色彩和民族風格，也擁有相當豐富的故事性，對於自己的事業，也有充份的信心和完整的計畫，獲得現場評審一致好評。在競爭激烈的文化創意組，果然以優異的作品和完備的創業計畫，獲得評審的青睞，成為最後的優勝隊伍。

　　什麼是創業家的核心競爭力？不是資金、不是規模、更不是技術。對於創業家來說，能夠在不斷的失敗中持續的學習而具備豐富

的知識與經驗，而且能奮不顧身、不畏艱難地開創資源，自我成長，就是創業家最重要的競爭力。

　　但在激情背後，其實創業之路是非常漫長而艱鉅的。我曾輔導過許許多多新創事業和中小企業主，了解到這些不畏冒險的創業家們，往往對於創業源起的理想與浪漫過於執著，卻又對於創業過程的激烈競爭與殘酷現實過於忽略。

　　對於所有創業家來說，事業的成功失敗其實並沒有絕對的標準答案，每個人的一生其實都必須在不斷的學習中成長、在知識上做最充分的準備、在實務工作上做最好的執行。希望所有年輕創業家們都能時時刻刻牢記這一句話，「不是失敗，只是尚未成功」---- 堅持下去，夢想終會實現。

　　我看到，承玉小姐的身上同時擁有藝術家的浪漫氣質，也兼具上述創業家的積極與韌性。

　　恭喜承玉小姐，能出版此書，與更多朋友分享她的作品、她的喜悅、以及她的創業心得。我們深切地期盼，「竹野承玉」這個品牌未來能在文創領域發光發熱，也讓全世界都看見 U-START 優勝隊伍的卓越和驕傲！

　　與諸君共勉之 ----------------------

教育部U-START計畫辦公室執行長
2010.8.23

竹野承玉

雙魚座
桃園縣人（籍貫：廣東省）

　　服裝縫製科畢業後從事相關工作並研習
日本手藝普及協會拼布課程，為台灣第一屆
拼布指導員。

　　　98年萬能科技大學高分子材料系畢
業，同年參加教育部第一屆大專畢業生
創業競賽脫穎而出，成立
「竹野承玉創意縫紉有限公司」。

作品簡介

　　本書作品表現精緻縫紉工藝技法及藝
術創作的新境界，每幅作品均以4.5cm及
5cm的小布片以45度角全新排列組合而成，
在拼接的過程中注入細膩的情感及想法，
將大眾化的客家花布展現出強而有力的新生命
力。

　　大花樣圖案的布，裁切後重新組合，這樣的創新作
法，正在申請國家發明中，希望藉由此部作品集，讓更
多人看見台灣新一代的創意縫紉美學。

國家發明申請案號：099122019

自序

我一直在實現一種單純而有力的作品表情，

這是一個非常簡單並且容易學習的拼接方式，也有非常廣大的想像空間可以發揮，而這樣的縫紉手法在我力求表現專業的想法中經常被忽略。所以，我把第一本作品集全部用來呈現台灣客家花布的創新運用，以及對縫紉藝術的新觀點。

希望書中的作品能激發更多人對於縫紉技術的重視。當製作者和使用者相隔遙遠，中間的連結只剩下價格時，我們使用任何物件在沒有任何感情依存的情況下，『浪費』這二個字便自然產生且理所當然，要改變這樣的情況，唯有將縫紉技藝普遍化，讓更多人喜歡自己動手做出令人心動的作品。承玉竭誠歡迎所有縫紉愛好者，一起來創作更雋永的布作品並以選用本土素材為首要，做出屬於我們自己的創作。

這塊布的紫非常的明顯而吸引人，裁切下來的數量也很可觀，一眼就讓人想把它當主角來陳述，希望大家能發揮想像

這塊布我前後差不多買了120碼之多，所以本書作品中也大多是這塊布的變化，

力再創作出更多不一樣的作品，讓客家花布的新生命在各地綻放。

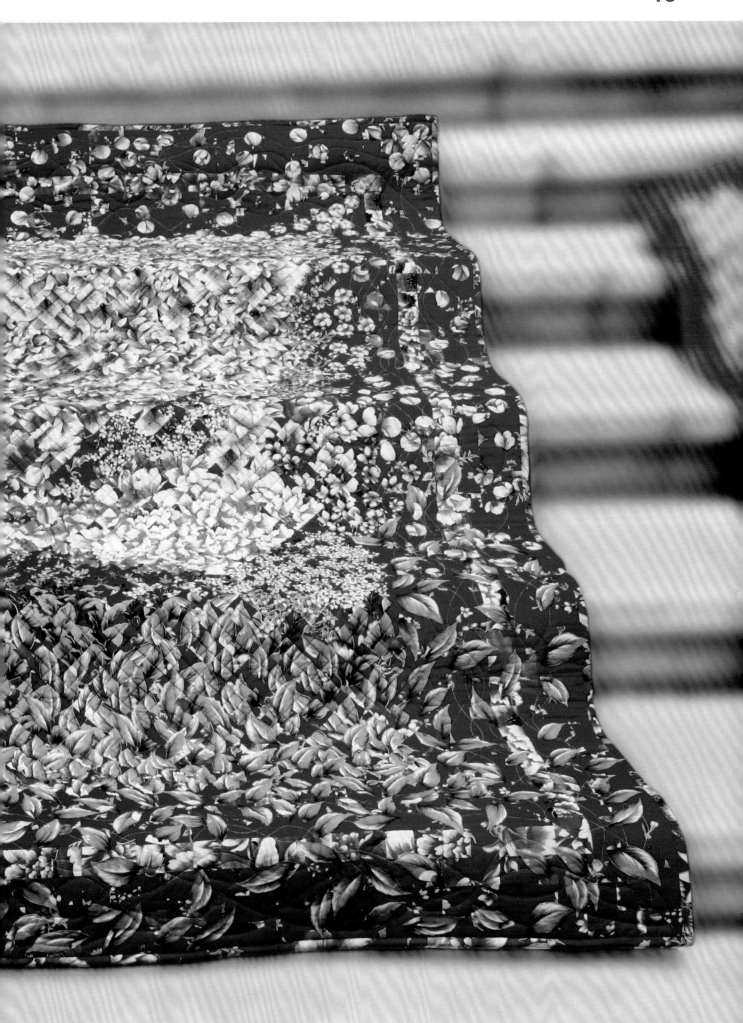

豐收的葡萄園 （168cm X 190cm）

　　結束忙碌農事的一天，在夕陽西下之時，農夫荷著鋤頭；回眸望著結實累累的葡萄，露出滿足的微笑。

　　花布中的紫，帶有成熟果實的飽滿感，是這幅作品創作之初最易聯想之處。

花園桌巾 （直徑 110cm）

　　六角型的拼接在縫紉技法中是屬於久遠而值得珍藏的祖母手藝，在傳統的花布中找尋古老的記憶，以精工的技藝表現時尚的美感。

　　取樣的作法雖然耗布但成品是完美的，搭配yoyo輪更能表現作品的完整。

(55cm X 55cm)

印象日出提袋

（32cm X 32cm X 9cm）

大圖樣的花布拼接可以自由變化作品的尺寸、大小，也可以做成
日常生活可用的提袋或布包。

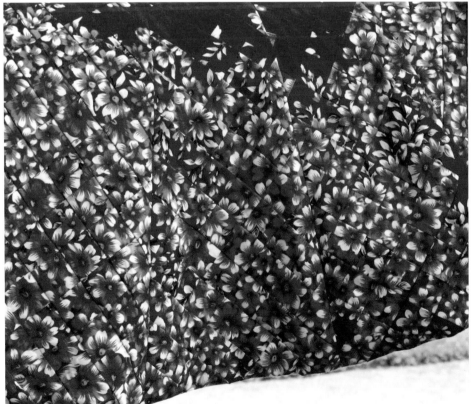

花洋裝

以印象派畫風的作法應用在服裝上，細工的縫製是高難度的挑戰，但也是獨一無二的稀有。

這塊花布有趣的是那隻色彩繽紛的鳥，當布裁切成小塊時，不但可以用色相來分類也可以用色線條的方向來分類，充分的運用之下可以做出非常特殊的作品，創作的份際無限寬廣，希望大家多多利用這樣的花布，一定可以創作出非常獨特的作品。

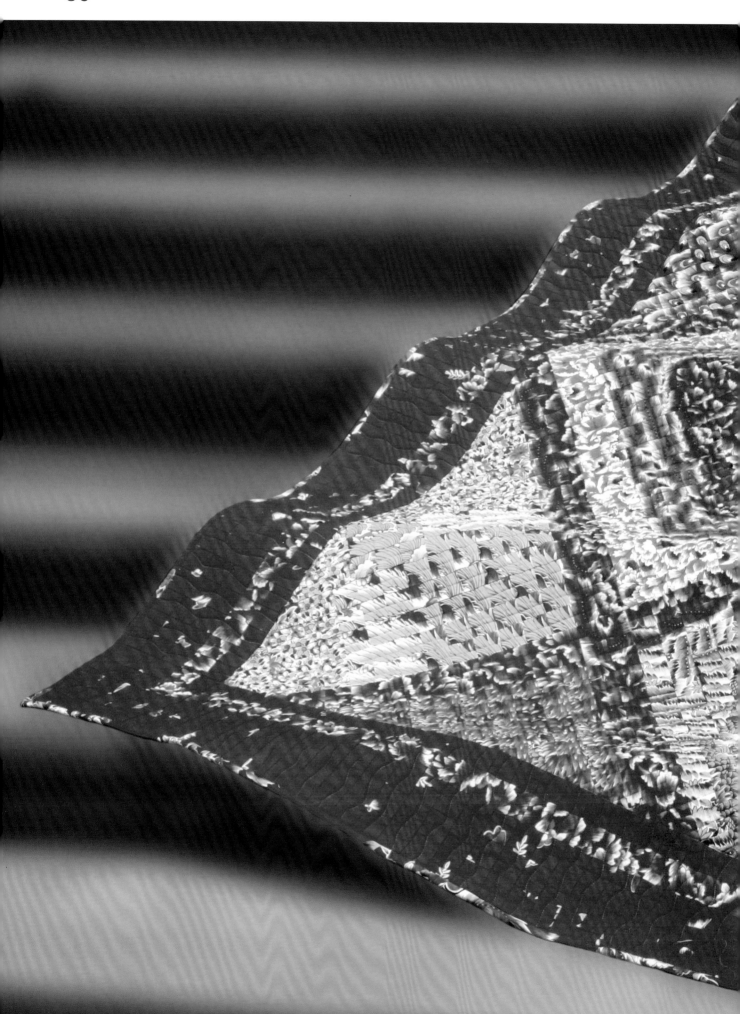

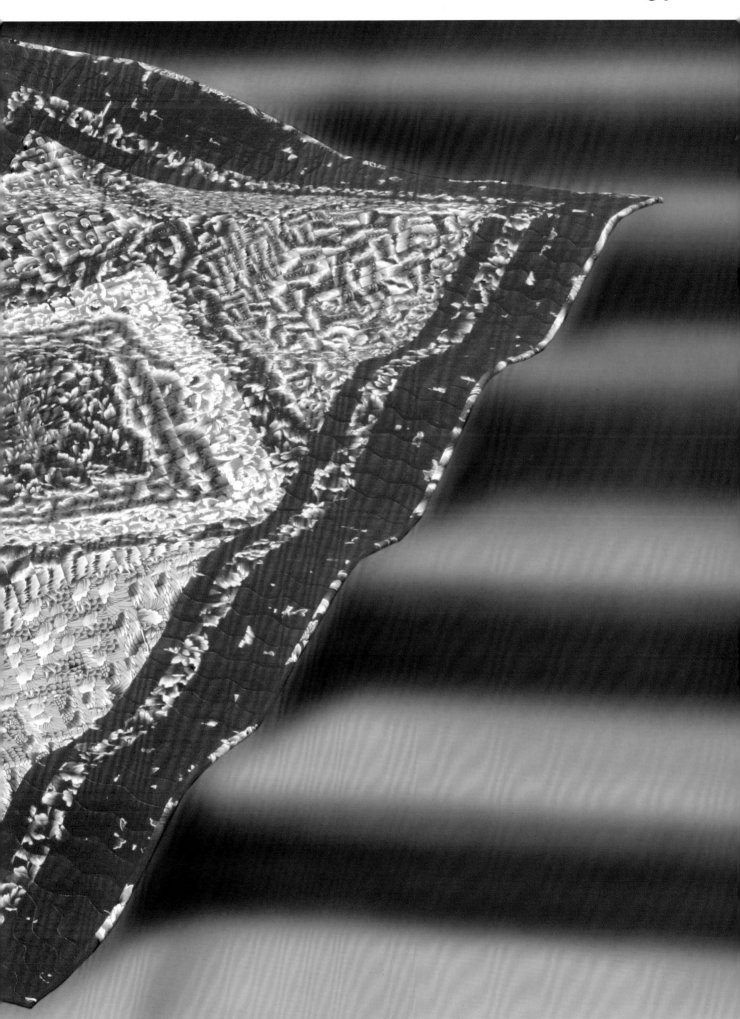

歡喜慶豐年 （115cm x 184cm）

艷麗的色彩和小布塊上明確的線條，重組之後想表達的是歡樂年節的氣氛。

這塊客家花布原本的圖案非常特別，有很多方向性的線條可以利用，和常見的大花圖案的布做起來的效果會有很大的差別，所以我用規則的排列方式來呈現，不論是遠觀或是近看都會有不同的感受。

背心上衣

　　本書中所有的作品都以同一塊布經過縫紉來呈現完全不同的樣貌，當然少不了服裝最基本的背心樣式，布片排列的方式也是以服裝款式來做變化，和做大型壁飾會有不同的思考方向。

　　多剪接車縫的服裝，帶來的是較厚重的手感，但精緻度是無庸至疑的。這件背心上衣是為了呈現東方艷紅的喜氣而特別設計，並顧及前後片的完整性將開合的功能性放在二側，更增加了這件背心的獨特性。

折射 （123cm x148 cm）

　　很簡單的藍天綠地加上折射的橘黃色陽光，每一個圓點都像是一面小小的凸透鏡，折射出不同光采的炫麗。

　　利用『泡芙』這個特別的拼布作法混合45度角排列，想呈現的是縫紉技法的交互使用，會讓布本身圖案變化達到最極致的境界。

　　每一個『泡芙』的面都是用四小片布塊先車縫而成，再拼排大圖的顏色變幻，

　　像泡泡在陽光底下，會有不同的折射角度散發著奇幻的光影。

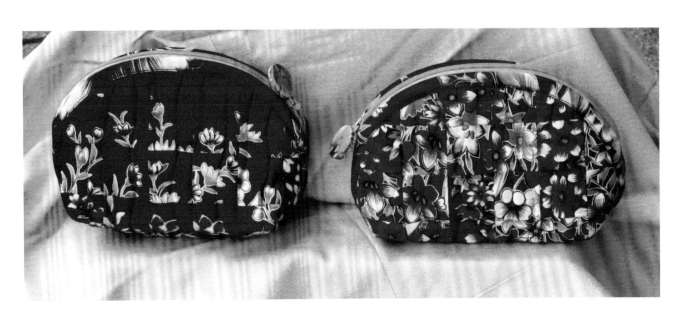

這塊花布隱隱含有高度的白和色漸層，色相比較多，有亮的綠和柔和的粉紅色、白色框的葉子⋯等等，做大型作品會非常的豐富，是值得大量使用的花布。

（54cm x 42cm）

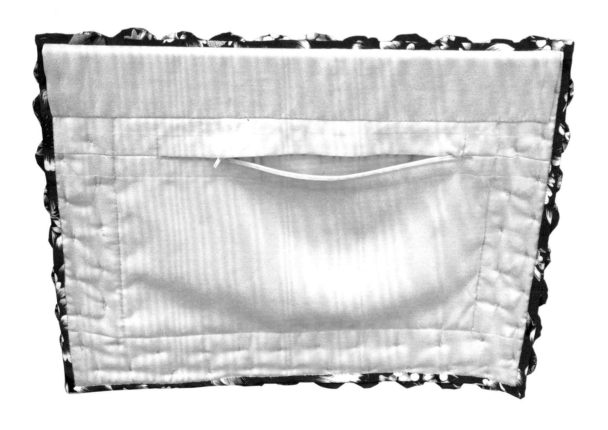

　　台灣花布的紅是主色，粉紅是點綴，經過印象派風格的洗禮，整季
的粉紅桐花更有想像空間。

這塊花布給我的感覺是華麗的，雖然感覺色相變化不明顯，但還是可以用45度角方塊拼接的方式來呈現新風貌。

封面的作品只用了10尺布來做，喜歡的朋友們可以加碼買進，一定可以變化出更棒的作品。

封面作品 （88cm x 102cm）

　　原布非常有華麗感，黑色的部份在客家花布中是少有的，這次試著把黑色也放進來，沒想到效果還不錯。

　　特別創作一幅作品來當封面，所以另外選布來做，但這次布的數量是最少的，裁下來的布片可以循環的次數並不多，若是大家喜歡這塊布的感覺，可以大量來創作。

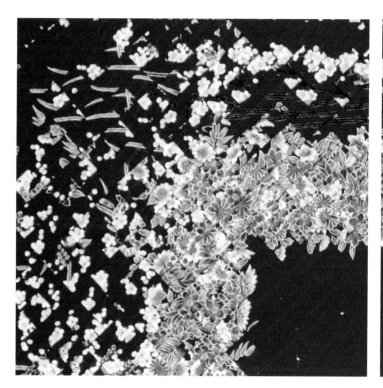

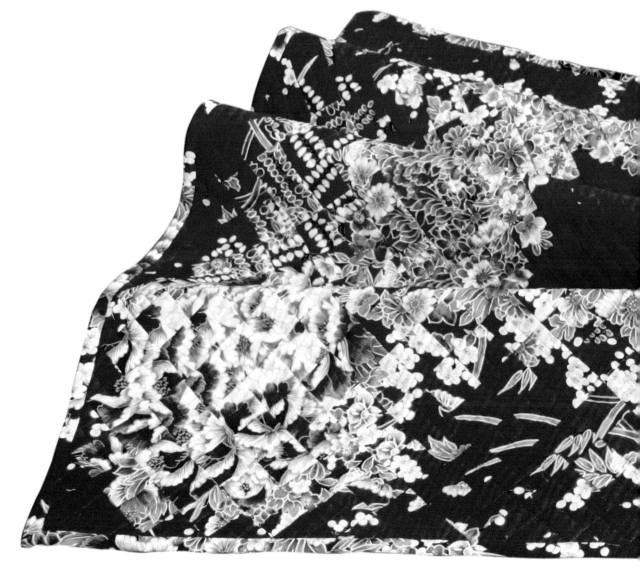

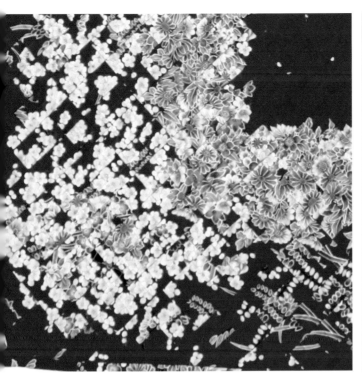
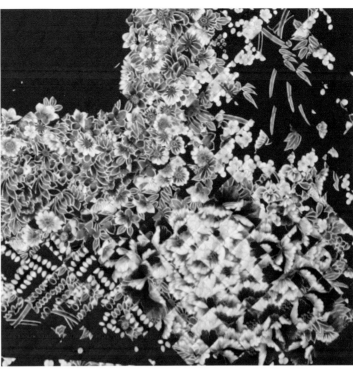

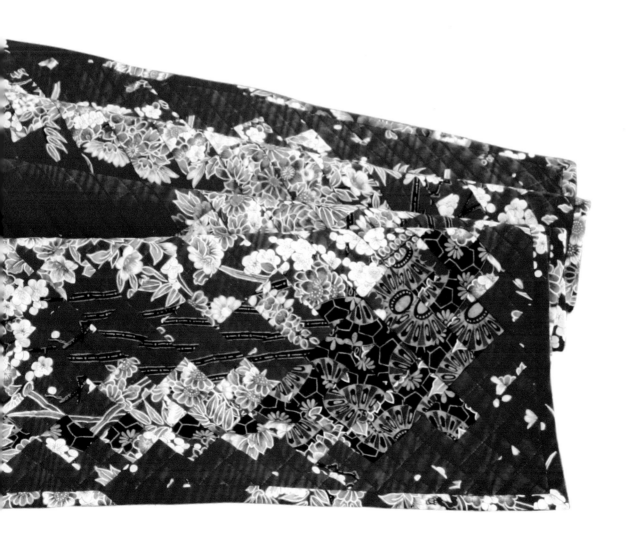

中華民國100歲生日快樂

悠悠輪尺寸：直徑11cm　　　（140cm x180 cm）

結合客家藍染的藍和台灣花布的紅

以圓滿的yoyo輪呈現中華民國精神象徵---青天白日滿地紅。

一、前置作業

將布裁成1碼的長度。

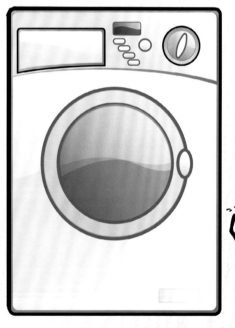

放入洗衣機攪洗、脫水。

取出後直接整燙至乾。

再用裁刀、裁尺、裁墊，將布裁成正方形，
（本書作品為4、5cm及5cm的正方形）。

二 布片的分類

裁成相同尺寸（例4cm、4.5cm、5cm～15cm）
布片分類的原則：

1、色塊的分佈　扣掉縫份來看布

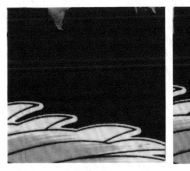 

1/3

1/2　　　　　　　　　　　　　　　　同類

範例2

大致相同的
模樣

自成一類

2、圖案的方向

明顯色差的布片以圖案方向為重點來表現。

同一片布上

其實是不同類的布片也可技巧性的混用。

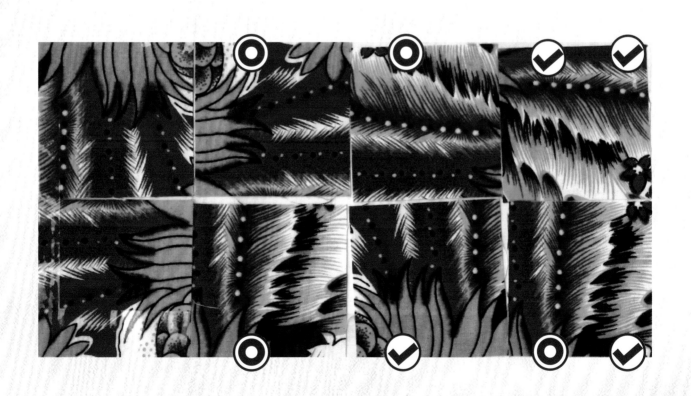

範例**2**

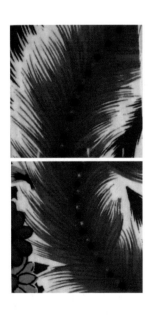

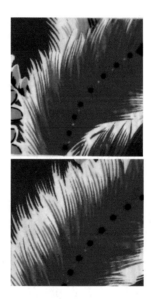

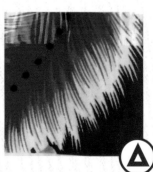

範例 3

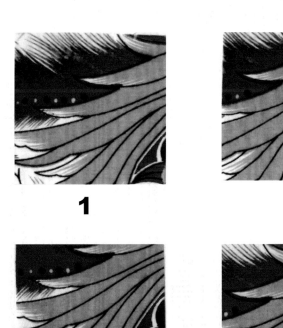

1

2

3

4

1和5差異稍
大,但圖案方
向明確就可混
用。

5

3、色調的變化 （由深至淺或由淺至深）

布的反面效果

範例2

花叢的呈現

紅色最少

背景色比例越少—花越茂盛

4、接縫方式不同也會有差異

範例 1　正接

範例2

鑽石型接法

（視覺的延伸）

三、 在版子上打上45度角的格子，(以縫製完成的尺寸來畫)，排布片時再調整對稱性。

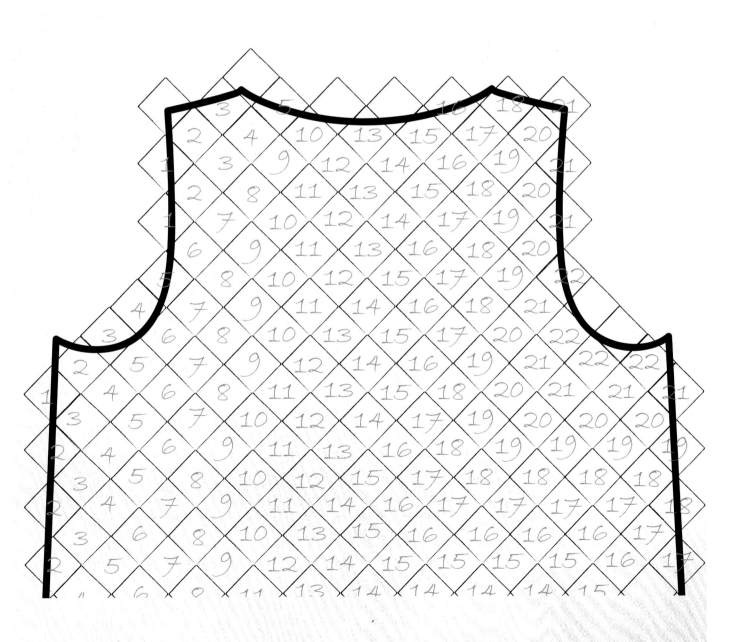

四、

布片的排列：

1、先把布片全部排出來

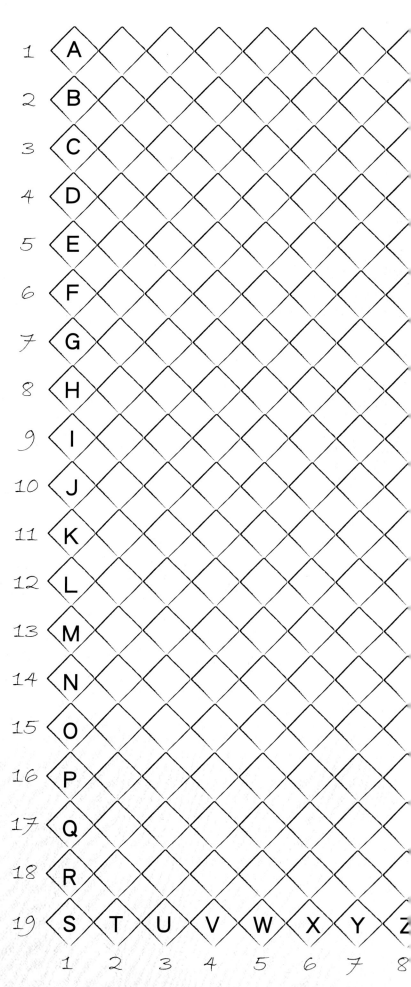

	1	2	3	4	5	6	7	8
1	A							
2	B							
3	C							
4	D							
5	E							
6	F							
7	G							
8	H							
9	I							
10	J							
11	K							
12	L							
13	M							
14	N							
15	O							
16	P							
17	Q							
18	R							
19	S	T	U	V	W	X	Y	Z

B¹ C¹ D¹ E¹ F¹ G¹ H¹ I¹ J¹ K¹ L¹ M¹ N¹
10 11 12 13 14 15 16 17 18 19 20 21 22

2、再用換片的方式找出適合的布片

3、排列的方式：

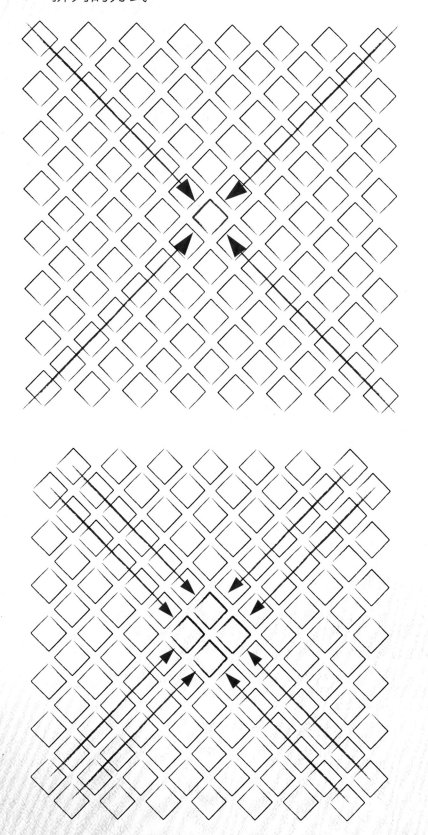

五、 **車縫順序：**

1、將布的排列以第一片為主，編上代碼。

2、然後用珠針將布一一串起，就可以開始車縫了。

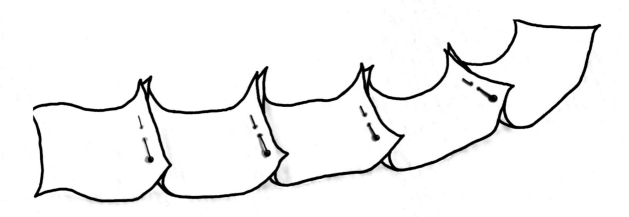

3、整列車縫時不必迴針、把針目調到最小。

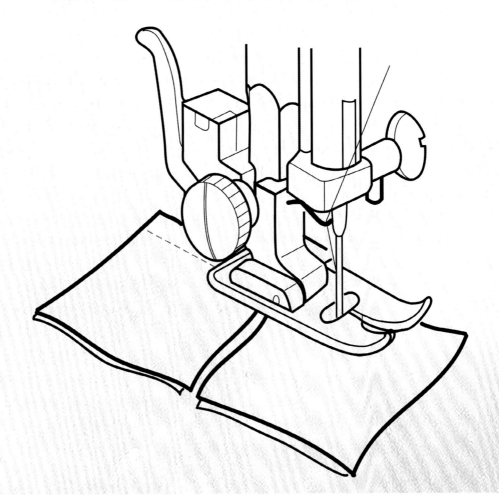

4、縫份互相倒向不同側剛好可以卡住。

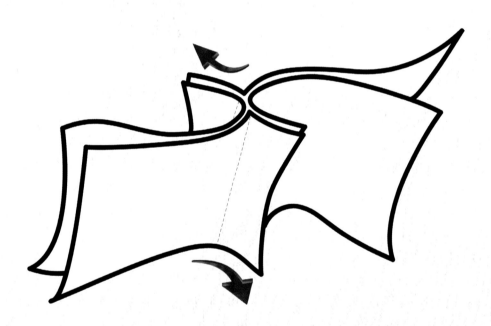

5、全部車縫完畢後,再一次整燙。

特別範例

大花樣的圖案布都可以運用這本書所介紹的方法來做，並且以背景的深淺來區分，如果是深色背景，做出來的作品為印象派風格；淺色背景則和水彩畫貼近。

特別範例

國家圖書館出版品預行編目資料

客家新印象 / 竹野承玉 著.
　-- 初版.-- 臺北市 : 蘭臺, 2010.09 面;公分.--
　　ISBN 978-986-6231-11-7 （平裝）

1. 拼布藝術　2. 縫紉　3. 手工藝

426.7　　　　　　　　　　　99016908

客家新印象　　　　　　生活美學 1

作　　者：竹野承玉
出 版 者：蘭臺出版社
發　　行：博客思出版社
美　　編：林盈宏
編　　輯：張加君

地　　址：台北市中正區開封街1段20號4樓
電　　話：(02) 2331-1675或(02) 2331-1691
傳　　真：(02) 2382-6225
E—MAIL：lt5w.lu@msa.hinet.net或books5w@gmail.com
總 經 銷：成信文化事業股份有限公司

網路書店：http://store.pchome.com.tw/yesbooks/或http://www.5w.com.tw
劃撥戶名：蘭臺出版社　帳號：18995335
網路書店：博客來網路書店 http://www.books.com.tw
香港代理：香港聯合零售有限公司
地　　址：香港新界大蒲汀麗路36號中華商務印刷大樓
　　　　　　C&C Building, 36,Ting, Lai, Road, Tai,Po,
　　　　　　　　　New,Territories
電　　話：(852) 2150-2100　傳真：(852) 2356-0735
出版日期：2010年09月 初版
定　　價：新臺幣680元整（平裝）

ISBN 978-986-6231-11-7　　　　

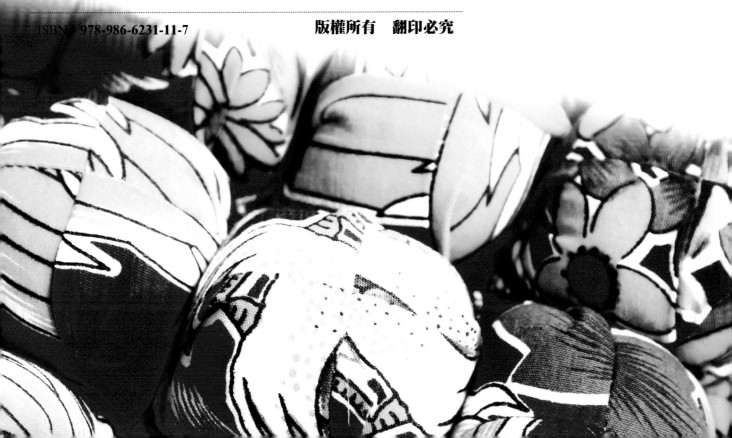